2015年校级教学改革研究重点课题
湖南人文科技学院教材建设基金资助项目

电路与电子技术实验报告

主　审　成　运
编　著　李　强　付又香　刘云连
程正梅　李朝鹏

西南交通大学出版社
·成　都·

电路实验报告一　直流电路基本规律的验证

学号：________姓名：__________系部：________________专业：______成绩：______________

预约实验时间：____年____月____日　　第____节至_____节　　指导教师：______________

一、实验电路原理图

二、实验数据记录、处理及结论

1. 验证基尔霍夫电流定律

表 1-1-1　验证基尔霍夫电流定律

被测量	I_1/mA	I_2/mA	I_3/mA	$I_1+I_2-I_3$/mA
计算值				
测量值				
相对误差				

（注意：流出节点电流为正，流入为负；实际电流方向与参考方向相同为正，反之为负。填写数据时一定要注意正、负。）

结论：

2. 验证基尔霍夫电压定律

表 1-1-2　验证基尔霍夫电压定律

被测量	E_1/V	E_2/V	U_{FA}/V	U_{AB}/V	U_{AD}/V	U_{CD}/V	U_{DE}/V
计算值							
测量值							
相对误差							

（注意：电压与回路绕行方向相同为正，反之为负；实际电压与绕行方向相同为正，反之为负。填入数据时一定要注意正、负。）

验证回路 1（E-F-A-D-E）基尔霍夫电压定律：

$$\sum u = U_{EF} + U_{FA} + U_{AD} + U_{DE} =$$

验证回路 2（A-B-C-D-A）基尔霍夫电压定律：

$$\sum u = U_{AB} + U_{BC} + U_{CD} + U_{DA} =$$

结论：

表 1-1-3　验证电压与参考点的选择无关

参考节点	测量值/V				计算值/V					
	V_A	V_B	V_C	V_D	U_{AB}	U_{BC}	U_{DC}	U_{DA}	U_{AC}	U_{BD}
B										
D										

结论：

3. 验证叠加定理

表 1-1-4　验证叠加定理

作用电源	E_1/V	E_2/V	I_1/mA	I_2/mA	I_3/mA	U_{AB}/V	U_{CD}/V	U_{AD}/V	U_{DE}/V	U_{FA}/V
E_1作用	6	0								
E_2作用	0	12								
E_1、E_2共同作用	6	12								

（注：一定要注意电压、电流的正负符号）

结论：

电路实验报告二　有源二端网络的等效参数及变换研究

学号：________姓名：__________系部：_______________专业：______成绩：_______________
预约实验时间：____年____月____日　第____节至_____节　指导教师：_______________

一、实验电路原理图

请将实验教程中的图 1-2-4（b）及图 1-2-5（b）绘制粘贴于此。

二、实验数据记录、处理及结论

1. 测定直流稳压电源与实际电压源的外特性

表 1-2-1　理想电压源的外特性

R_2/Ω	0	100	200	300	470
U/V					
I/mA					

（注：直流稳压电源调到 6 V，R_2 用电阻箱调节）

结论：端电压基本保持________，而输出电流随负载电阻的增大而__________。

表 1-2-2　实际电压源的外特性

R_2/Ω	0	100	200	300	470
U/V					
I/mA					

（注：内阻为 51 Ω，电源 6 V，用坐标纸作出相应的特性曲线，粘贴到报告上）

结论：（1）负载电阻的增大时，端电压随之________，输出电流随之______________。

（2）延长特性曲线交两坐标轴，其值分别为开路电压（纵轴）U_{oc} = ____（V），短路电流（横轴）I_{sc} =__________（mA），计算电源内阻 $R_0 = U_{oc} / I_{sc}$ =________（Ω）

2. 验证电压源与电流源的等效变换关系

表 1-2-3　电流源与电压源的等效变换

项　目	U_s/V	I_s/mA	R_0/Ω	U/V	I/mA
电压源测量值	6	—	51		
电流源测量值	—		51		
计算结果					
偏　差					

结论：实验证实，电压源可用一个电流源能等效，电流源的电流与电压源的电压和内阻有关，理论计算值 $I_s = \dfrac{U_s}{R_0} =$ ________，与测量值的偏差为________，电流源的并联电阻与电压源相等。

3. 有源二端网络等效参数的测定，验证戴维南定理

（1）直接测量法：用数字万用表测开路电压 U_{oc}、短路电流 I_{sc}，计算等效内阻 R_0。

表 1-2-4　有源二端网络等效参数的直接测量与计算结果

测量量	U_{oc}/V	I_{sc}/mA	R_0/Ω
测量值			

结论：对于复杂的有源二端网络，当内阻较大时，可直接测量开路电压与短路电流。

（2）有源二端网络的外特性曲线测量。

表 1-2-5　有源二端网络的外特性曲线测量

R_L/Ω	0	200	400	600	800	1 000
U/V						
I/mA						

依据表 1-2-5 中的数据，用坐标纸作出相应的特性曲线，并粘贴在报告上。

结论：由特性曲线交两坐标轴，其值分别为开路电压（纵轴）$U_{oc}=$________（V），短路电流（横轴）$I_{sc}=$________（mA），电源内阻 $R_0 = U_{oc}/I_{sc} =$ ________（Ω）。

（3）有源二端网络等效电阻的直接测量法。

电源内阻 $R_0 =$ ________（Ω）。

4. 最大功率传输条件测定

表 1-2-6　测量输出功率 P_L 与电源功率 P_0 的关系

$R_L/\mathrm{k}\Omega$	20	40	45	50	55	60	80	100	200
U_L/V									
I/mA									
P_L/mW									
P_o/mW									

（注：$P_L = IU_L$，$P_o = IU_s$，$U_s = 6\ \mathrm{V}$）

结论：当负载电阻与________相等时，输出的功率为最大，电源的功率是输出功率的________倍。

电路实验报告三　一阶、二阶网络响应特性研究

学号：________姓名：__________系部：______________专业：______成绩：______________

预约实验时间：____年____月____日　　第____节至_____节　　指导教师：______________

一、实验电路原理图

画出 *RC* 一阶积分与微分电路图，并指出相应的条件。

二、实验数据记录、处理及结论

1. *RC* 一阶电路的瞬时特性测试

表 1-3-2　一阶电路的时间常数波形图（方波周期为 $T = 1$ ms）

电路	R/kΩ	C/pF	$\tau_{理}$/ms	τ/ms	波形图（用坐标纸画好粘贴）
一阶电路（$\tau \ll T$）	10	6 800	0.068		
一阶电路（$\tau \ll T$）	10	1 000	0.010		
积分电路（$\tau \gg T$）	10	0.1×10^6	1		
微分电路（$\tau \ll T$）	0.1	0.01×10^6	0.001		

结论：（1）对于一阶电路，当 τ ____ T（填 <、=、>）时，可用方波模拟阶跃信号，观察到零输入响应（下降沿，放电）与零状态响应（上升沿，充电）的波形。

（2）对于微分电路，必须满足的条件是____________，输出信号是在__________元件上。

（3）对于积分电路，必须满足的条件是____________，输出信号是在__________元件上。

2. *RLC* 并联二阶动态电路响应特性测试

其中 $R_1 = 10$ kΩ，$L = 4.7$ mH，$C = 1\,000$ pF，R 为 10 kΩ 的可调电阻。

表 1-3-1　观察三种状态时的响应曲线（激励电压为 $u_s = 1.5$ V）

序　号	过阻尼	临界阻尼	欠阻尼
响应曲线画（用坐标纸画好粘贴）			

结论：由响应曲线图可得出，过阻尼时的曲线为＿＿＿＿＿＿＿＿。临界阻尼时曲线为＿＿＿＿＿＿＿＿。欠阻尼时曲线为＿＿＿＿＿＿＿＿。（填单调衰减、衰减振荡、等幅振荡）。

3. 测定欠阻尼时的衰减常数和振荡频率

表 1-3-2　欠阻尼时的衰减常数和振荡频率的测量（调节 *R* 使电路处于欠阻尼状态）

序号	电路参数			测量值			计算结果	
	R_1/kΩ	L/mH	C/μF	T'/ms	U_1/V	U_2/V	ω_d	α
1	10	4.7	0.001					
2	10	4.7	0.01					
3	30	4.7	0.01					
4	10	10	0.01					

计算公式：$\omega_d = 2\pi / T'$，$\alpha = \dfrac{1}{T'}\ln\dfrac{U_2}{U_1}$

结论：二阶电路的状态与电路的参数密切相关，对于欠阻尼二阶电路，当激励信号为方波时，在其上升沿与下降沿都会出现衰减振荡波形，而且振幅将大于信号的振幅。

三、思考题

1. 研究 *RC* 一阶电路的响应曲线时，要求方波激励信号的频率满足什么要求？

2. 对于二阶电路，如何消除振荡现象？

电路实验报告四　正弦稳态交流电路研究

学号：________姓名：__________系部：______________专业：______成绩：______________

预约实验时间：____年____月____日　第____节至_____节　指导教师：______________

一、实验电路原理图

画出实验教材中的图 1-4-3 与图 1-4-5，粘贴在此。

二、实验数据记录、处理及结论

1. RC 串联电路在正弦稳态时的电压三角形关系

表 1-4-1　*RC* 串联电路电压三角形关系

测量值			理论值		计算值		
U/V	U_R/V	U_C/V	$U_{R理}$/V	$U_{C理}$/V	U'/V	$\Delta U'$/V	$\Delta U'/U$
220			91.1	200.2			

注：1. 白炽灯 220 V/25 W，电容器 4.7 μF，工作电压 220 V

2. 表中 $U'=\sqrt{U_R^2+U_C^2}$，$\Delta U'=U'-U$ 为总电压误差，$E=\Delta U'/U'$ 为总电压相对误差。

结论：电阻上的电压测量值与理论值的误差为 $\Delta U_R=U_R-U_{R理}=$__________V。

电容上的电压测量值与理论值的误差为 $\Delta U_C=U_C-U_{C理}=$__________V。

2. 日光灯电路接线与测量

表 1-4-2　日光灯最低启辉时的电压与正常工作时的电压值

项目	测量值						计算值	
	P/W	$\cos\phi$	I/A	U/V	U_L/V	U_R/V	R/Ω	$\cos\phi'$
最低启辉时								
正常工作时								

（注：表中日光灯的总直流电阻为 $R=\dfrac{P}{I^2}$，由测量结果计算出的功率因数为 $\cos\phi'=\dfrac{P}{IU}$。）

结论：实验用日光灯在最低启辉电压与正常工作时，对比有功功率与功率因数，发现二者的变化是____________________________________。功率因数的测量值与计算值的误差分别为________________________。

3. 并接电容提高功率因数

表 1-4-3 并接电容提高功率因数（$U = 220$ V 不变）

电容值 /μF	测量值					计算值	
	P/W	$\cos\phi$	I/A	I_L/A	I_C/A	R/Ω	$\cos\phi'$
0							
1							
2.2							
4.7							

（注：计算电阻 R 与功率因数的方法与表 1-4-2 相同。）

结论：并接电容后总电流的值___________，电容上的电流值_________，电感上的电流值________，总有功功率______，功率因数______________。

三、思考题

（1）简述电感上的电流与电压相位关系。

（2）采用电子镇流器的日光灯电路中有没有启辉器？为什么？

（3）为了改善电路的功率因数，常在感性负载上并联电容器，此时增加了一条电流支路，试问电路的总电流是增大还是减小？此时感性元件上的电流和功率是否改变？

（4）提高线路功率因数为什么只能采用并联电容器法，而不用串联法？所并的电容器是否越大越好？

电路实验报告五 *RLC* 谐振电路频率特性研究

学号：________姓名：__________系部：_______________专业：______成绩：______________
预约实验时间：____年____月____日 第____节至_____节 指导教师：______________

一、实验电路原理图

画出实验教材中的图 1-5-6 与图 1-5-7。

二、实验数据记录、处理及结论

1．测量串联谐振电路的参数——谐振频率、品质因数

比较电容与电感上的电压是否相等，用公式 $Q=\frac{U_L}{U_o}=\frac{U_C}{U_o}$ 求出品质因数。对两次测量的结果求平均值。当 $C=0.01\ \mu F$ 、$L=30\ mH$ ，$R=200\ \Omega$ 时，$f_{0理}=\frac{1}{2\pi\sqrt{LC}}=9.2\ kHz$ ，$Q_{理}=\frac{1}{R}\sqrt{\frac{L}{C}}=8.7$ 。将理论值与实验测量值进行比较求误差。

表 1-5-1 *RLC* 串联谐振电路的参数——谐振频率、品质因数

序号	f_0/Hz	U_o/V	U_L/V	U_C/V	Q
1					
2					

结论：（1）谐振频率 $\bar{f}_0=$________Hz，误差 $\Delta f=\bar{f}_0-f_{0理}=$_________Hz；

（2）品质因数 $\bar{Q}=$_______，误差 $\Delta Q=\bar{Q}-Q_{理}=$__________。

2. 测量串联谐振电路的特性曲线

表 1-5-2 ***RLC*** **串联谐振电路特性曲线测量表**

序号	1	2（f_1）	3	4	5（f_0）	6	7	8（f_2）	9
f/Hz									
U_o/V		$0.7U_{o\max}$			$U_{o\max}$			$0.7U_{o\max}$	

按表 1-5-2 中数据，用坐标纸作出串联谐振电路的特性曲线图粘贴于此。

结论：通频带宽度 $BW = f_2 - f_1 =$ ____________Hz。

3. 测量并联谐振电路谐振频率

表 1-5-3 ***RLC*** **并联谐振电路的谐振频率**

序号	f_0/Hz	U_o/V
1		
2		
3		

（注：$C = 0.01\ \mu F$，$L = 30\ mH$，$R = 200\ \Omega$ 时，$f_{0理} = \frac{1}{2\pi\sqrt{LC}} = 9.2\ kHz$。）

结论：谐振频率 $\overline{f}_0 =$ ________Hz，误差 $\Delta f = \overline{f}_0 - f_{0理} =$ __________Hz。

三、思考题

（1）要提高串联谐振电路的品质因数，电路参数应如何改变？

（2）串联谐振电路的谐振频率与电路的哪个参数无关，提高谐振频率有哪两种方案？

（3）工程中采用的电感线圈和电容并联的谐振电路，其中电感线圈用电阻 R 与电感 L 串联组合表示，谐振频率的表达式为 $\omega_0 = \frac{1}{\sqrt{LC}}\sqrt{1-\frac{CR^2}{L}}$。试指出对线圈电阻的要求。

电路实验报告六　三相负载特性与变压器特性研究

学号：_______姓名：_________系部：______________专业：______成绩：______________

预约实验时间：____年____月____日　第____节至_____节　指导教师：______________

一、实验电路原理图

画出实验教材中的图 1-6-1 和图 1-6-5。

二、实验数据记录、处理及结论

1. Y-Y 联结，带中性线（Y_0）与不带中性线（Y）时，测量各电压与电流

表 1-6-1　三相负载星形联结时，测量线电流、线电压、相电压、中性线电流及中点电压

测量条件	开灯数			$I_L(=I_P)/A$			U_L/V			U_P/V			$I_{NN'}/A$	$U_{N'}/V$
	A 相	B 相	C 相	I_A	I_B	I_C	$U_{A'B'}$	$U_{B'C'}$	$U_{C'A'}$	$U_{A'N'}$	$U_{B'N'}$	$U_{C'N'}$		
Y_0 联结平衡负载	3	3	3											
Y 联结平衡负载	3	3	3											
Y_0 联结不平衡负载	1	2	3											
Y 联结不平衡负载	1	2	3											
Y_0 联结 B 相断开	1		3											
Y 联结 B 相断开	1		3											
Y 联结 B 相短路	1	短路	3											

结论：（1）Y-Y 联结带中性线：$U_L=$_________U_P；$I_L=I_P$。

（2）Y-Y 联结不带中性线，三相平衡负载时，$U_L=$_________U_P；

（3）Y-Y 联结不带中性线，三相平衡不负载时，$U_L=$_________U_P。

2. Y-△联接，带中性线（Y_0）与不带中性线（Y）时，测量各电压与电流

表 1-6-2　三相负载三角形联结时，测量线电流、线电压、相电压、中性线电流及中点电压

测量条件	开灯数			I_L/A			I_P/V			$U_L(=U_P)$/V		
	A-B 相	B-C 相	C-A 相	I_A	I_B	I_C	I_{AB}	I_{BC}	I_{CA}	$U_{A'B'}$	$U_{B'C'}$	$U_{C'A'}$
三相平衡	3	3	3									
三相不平衡	1	2	3									

结论：（1）Y-△联结、三相平衡负载时：U_L =________U_P；I_L =________I_P。

（2）Y-△联结、三相不平衡负载时：U_L =________U_P；I_L =________I_P。

3. 单相变压器基本特性测试

表 1-6-3　单相变压器的基本特性

负载数量	I_1/A	U_1/V	I_2/A	U_2/V	K_u	K_i	
0			0				
1							
2							
3							
4							
5							

结论：（1）空载时，电压比为 $K_u=U_1/U_2=$________，空载电流为 $I_0=$________A。

（2）在不同的负载下，电压比 $K_u=U_1/U_2$ 会__________（升高、下降），原边电流会__________，副边电流会____________________，电流比 $K_i=I_1/I_2$ 会随着负载的加重而__________（升高，下降）。

三、思考题

（1）当使用三相电源时，一定要注意三相负载的平衡，为什么？

（2）三相异步电动机常采用 Y-△降压启动（即启动时采用 Y 联结，正常运行时采用△联结），说明其原理。

（3）某三相电源的空调原来是可正常运行的，三相电源与空调都正常，可能的原因是什么？

电路实验报告七　三相鼠笼式异步电动机运行控制

学号：________姓名：__________系部：______________专业：______成绩：______________

预约实验时间：____年____月____日　第____节至_____节　指导教师：______________

一、实验电路原理图

（1）画出点动控制电路图，参见实验教材中的图 1-7-4。

（2）画出自锁控制电路图，参见实验教材中的 1-7-5。

（3）画出接触器联锁的正、反转控制电路图，参见实验教材中的 1-7-6。

二、思考题

（1）在电动机正、反转控制线路中，为什么必须保证两个接触器不能同时工作？

（2）实验中我们都是手动控制，你认为可否实现电动机运行的自动控制？如何实现？试就自锁控制设计一种方案。

模电实验报告一　射极跟随器电路研究

学号：________姓名：__________系部：______________专业：______成绩：______________

预约实验时间：____年____月____日　第____节至_____节　指导教师：______________

一、在实验原理图上画出与实验测量仪器的连接图

这里提供了测量电路需要的电子仪器设备，画出原理图，并在原理图上画出如下电子仪器设备的连接。

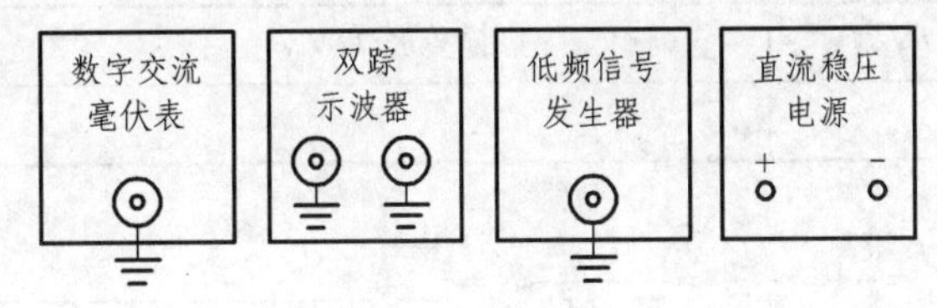

二、实验数据记录、处理及结论

1. 共集电极单管放大器静态工作点的调试与测量

通过调整基极偏置电阻的大小，改变静态偏置设置，使三极管工作于不同的状态。

表 2-1-1　共集电极单管放大器静态工作点与工作状态

R_W	波形情况	工作状态	V_b/V	V_e/V	V_c/V	V_a/V	I_B/mA	I_C/mA
最小值								
中　间								
最大值								
加负载								
空　载								

相关计算公式 $I_B = \frac{V_a - V_b}{R_{b1}}$（其中 R_{b1} 为基极偏置电阻中的固定电阻），$I_C = \frac{V_e}{R_E}$

结论：（1）不失真时，静态 $I_B =$______，$U_{be} = V_b - V_e =$______，$U_{ce} = V_c - V_e =$______。

（2）直流电流增益 $\bar{\beta} = \frac{I_C}{I_B} =$______。

2. 空载与负载时的电压增益测量

表 2-1-2　空载与负载时输入与输出电压测量（$R_L = 5.1\ \mathrm{k\Omega}$）

输入电压 U_i/V	空载时输出电压 U_o/V	负载时输出电压 U_{oL}/V

结论：交流电压增益，空载 $A_{Vo}=\dfrac{U_o}{U_i}=$________，负载 $A_V=\dfrac{U_{oL}}{U_i}=$________。

3. 输出电阻 R_o

$R_o=\left(\dfrac{U_o}{U_{oL}}-1\right)R_L=$ ________________。

4. 输入电阻 R_o

表 2-1-3 输入电阻的测量（$R=2\ \mathrm{k\Omega}$）

信号源输出电压 U_s/V	输入到基极电压 U_i/V	输出电阻 R_i/kΩ

结论：输出电阻 $R_i=\dfrac{U_i}{I_i}=\dfrac{U_i}{\dfrac{U_R}{R}}=\dfrac{U_i}{U_s-U_i}R=$ ________________。

5. 测试跟随特性

输入与输出电压差为 $\Delta U=U_i-U_{oL}$

表 2-1-4 电压跟随特性测量

项　目	1	2	3	4	5	6
U_i/V						
U_{OL}/V						
ΔU/V						

结论：共集电极放大电路在不失真工作状态时，输出电压与输入电压总是________。电压跟随范围是 $U_{op\text{-}p}=2\sqrt{2}U_o=$ ________________。

模电实验报告二　晶体管共射极单管放大电路研究

学号：________姓名：__________系部：________________专业：______成绩：______________

预约实验时间：____年____月____日　第____节至_____节　指导教师：______________

一、画出实验电路连接示意图

二、实验数据记录、处理及结论

1. 共射极单管放大器静态工作点的调试与测量

表 2-2-1　测量当 $I_C = 2$ mA 时的静态工作点

测量值				计算值		
V_B /V	V_E /V	V_C /V	R_{B2} /kΩ	U_{BE} /V	U_{CE} /V	I_C /mA

结论：根据计算公式影响静态工作点的因素有____。

2. 测量负载变化对电压增益的影响

表 2-2-2　负载变化对电压增益的影响测试

（测试条件为 $I_C = 2$ mA，$U_i = 10$ mV）

R_C /kΩ	R_L /kΩ	U_o /V	U_i /V	A_V	观察记录一组 u_o 和 u_i 波形
2.4	∞				u_i–t 坐标（原点 O）；u_o–t 坐标（原点 O）
2.4	5.1				
1	∞				
1	5.1				

结论：由上述数据和计算结果，可以分析出电压增益与负载的关系是______________。

3. 测量静态工作点变化对输出波形失真的影响

表 2-2-3　静态工作点变化对输出波形失真的影响

（测试条件为 $R_C = 2.4\ \text{k}\Omega$，$R_L = 5.1\ \text{k}\Omega$，$U_i = 10\ \text{mV}$）

静态工作点在交流负载线上的位置	u_o 波形	I_C	管子工作状态
偏　高	u_o O t		
中间位置	u_o O t		
偏　低	u_o O t		

结论：由输出波形和测量数据分析可得：截止失真和饱和失真产生的原因是__________。

4. 放大器幅频特性的测量

表 2-2-4　放大器幅频特性的测量

（测试条件为 $I_C = 2.0\ \text{mA}$，$R_C = 2.4\ \text{k}\Omega$，$R_L = 5.1\ \text{k}\Omega$，$U_i = 10\ \text{mV}$）

f/Hz								
U_o/V								
A_V								
f/Hz								
U_o/V								
A_V								

结论：放大器的下限频率为______________，上限频率为______________，通频带为_____________。

按表 2-2-4 中的数据，用坐标纸绘出放大器的幅频频性曲线。

模电实验报告三　模拟集成运算器与应用电路研究

学号：_______姓名：_________系部：______________专业：______成绩：______________
预约实验时间：____年____月____日　第____节至_____节　指导教师：______________

一、画出实验电路连接示意图

画出反相比例运算电路接线图、同相比例运算电路和电压跟随器电路、反相加法运算电路、积分电路实验接线图和微分电路实验接线图。（另外用纸画好粘贴在此。）

二、实验数据记录、处理及结论

1. 反相比例运算电路

表 2-3-1

（测试条件 $f=1\,\text{kHz}$）

U_i/V	U_o/V	u_i 波形	u_o 波形	A_u	
		u_i ↑ O → t	u_o ↑ O → t	实测值	理论计算值

结论：u_o和u_i波形的相位关系____________；A_u值的负号表示的含义______________。
如果实测值和理论计算值误差较大，首先应对运算放大器进行______________________。

2. 同相比例运算电路

表 2-3-2

（测试条件 $f=1\,\text{kHz}$）

U_i/V	U_o/V	u_i 波形	u_o 波形	A_u	
		u_i ↑ O → t	u_o ↑ O → t	实测值	理论计算值

结论：u_o和u_i波形的相位关系____________________；放大器同相端的直流平衡电阻为$R_2=R_1 /\!/ R_F$其作用______________________________。

3. 电压跟随器

表 2-3-3

（测试条件 $f=1\text{ kHz}$）

U_i/V	U_o/V	u_i 波形	u_o 波形	A_u	
				实测值	理论计算值
		u_i O t	u_o O t		

结论：电压跟随器就是______________；负反馈电阻 R_F 不能太大的原因是______________________________。

4. 反相加法运算电路

表 2-3-4

（加入两个直流信号）

U_{i1}/V					
U_{i2}/V					
U_o/V					

结论：u_{i1}、u_{i2} 及输出电压 u_o，取值时使其满足方程式 $u_o=-10(u_{i1}+u_{i2})$ 的关系的原因是______________________________。

5. 有源积分电路

表 2-3-5

（测试条件：输入为直流 $u_i=-2\text{ V}$，积分电容 $C=10\ \mu\text{F}$，积分电阻 $R_1=10\text{ k}\Omega$）

输出波形	饱和输出电压值	有效积分时间
u_o O t		

表 2-3-6

（ $C = 0.01\ \mu F$，$R_F = 100\ k\Omega$，$U_i = \pm 2\ V$ ）

项　目	频率增大	$f = 1\ kHz$ 方波信号	频率减小
输出波形	u_O — O — t	u_O — O — t	u_O — O — t
输出幅值变化			
相位关系			

结论：频率变化对输出波形的影响______________________________。

6. 微分电路实验

表 2-3-7

（测试条件：输入 $f = 1\ kHz$，$U_i = \pm 2\ V$ 的方波信号）

u_i 波形	u_o 波形	相位关系
u_i — O — t	u_O — O — t	

结论：电阻 R_1 在电路中的作用是______________________________。

表 2-3-8

（测试条件：输入 $U_i = \pm 1\ V$ 的正弦波信号）

u_i 波形	u_o 波形	幅值不变、频率变化，分析输出波形的幅值和相位的变化情况
u_i — O — t	u_O — O — t	

结论：保持 $f = 1\ kHz$ 正弦波信号的输入频率不变，幅值变化对输出波形的影响是____________________。

模电实验报告四　负反馈放大电路特性研究

学号：________姓名：__________系部：________________专业：_______成绩：________________

预约实验时间：____年____月____日　第____节至_____节　指导教师：________________

一、画出实验电路连接示意图

（1）画出电压并联负反馈放大电路的实验接线图（要标出常用仪器设备接线位置）。

（2）画出电压串联负反馈放大电路的实验接线图。

二、实验数据记录、处理及结论

1. 测量反馈电阻与负载电阻对闭环电压增益影响

表 2-4-1

（测试条件：$f=1\,\text{kHz}$，输入信号的幅度不变）

R_F/kΩ	R_L/kΩ	U_i/mV	U_o/mV	A_{uf} 测量值	A_{uf} 理论计算值
51	5.1				
100	5.1				
100	51				

结论：根据实验结果分析，R_F 变化对 A_{uf} 有________________________影响。R_L 变化对 A_{uf} 有________________________影响。

2. 测量输入电阻与输出电阻

表 2-4-2

（测试条件：$f=1\ \mathrm{kHz}$，$R=10\ \mathrm{k\Omega}$，$R_L=5.1\ \mathrm{k\Omega}$）

$R_F/\mathrm{k\Omega}$	U_s/mV	U_i/mV	U_L/mV	U_o/mV	$R_i/\mathrm{k\Omega}$	$R_o/\mathrm{k\Omega}$
51						
100						

结论：输入电阻与______________无关，输出电阻与__________________有关。

3. 测量负反馈放大电路的频率特性

表 2-4-3

（测试条件：输入信号幅度不变。$R=10\ \mathrm{k\Omega}$，$R_L=5.1\ \mathrm{k\Omega}$）

$R_F/\mathrm{k\Omega}$	U_{om}/mV	f_H/kHz	f_L/kHz	BW/kHz
51				
100				

结论：负反馈电阻 R_F 变大，闭环通频带变____________；负反馈电阻 R_F 变小，闭环通频带变____________；若将 R_F 断开，使放大电路开环，通频带______________。

4. 负反馈电阻对失真波形的改善作用

表 2-4-4

（测试条件：$f=1\ \mathrm{kHz}$，$R=10\ \mathrm{k\Omega}$，$R_L=5.1\ \mathrm{k\Omega}$）

$R_F/\mathrm{k\Omega}$	U_i/mV	U_o/mV	输出波形情况	A_{uf} 测量值	A_{uf} 理论计算值
51					
100					

结论：负反馈电阻变大，输出波形______________；负反馈电阻变小，输出波形____________。

模电实验报告五　OTL 低频功率放大器研究

学号：________姓名：__________系部：________________专业：______成绩：______________
预约实验时间：____年____月____日　第____节至_____节　指导教师：______________

一、画出 OTL 功率放大电路的原理图，分析电路的工作原理

二、实验数据记录、处理及结论

1. 静态工作点的测试

表 2-5-1　静态工作点

（测试条件：$I_{C2}=I_{C3}=$ 　mA，$U_D=$____V，$U_E=2.5$ V 时）

三极管	集电极电压 U_C/V	基电极电压 U_B/V	发射极电压 U_E/V
T_1			
T_2			
T_3			

结论：$U_{BE1}=$___V，$U_{BE2}=$___V，$U_{BE3}=$___V；
$U_{CE1}=$___V，$U_{CE2}=$___V，$U_{CE3}=$___V。

2. 最大输出功率 P_{om} 和效率 η 的测量

1）观察关键点波形图与测量最大输出功率 P_{om}

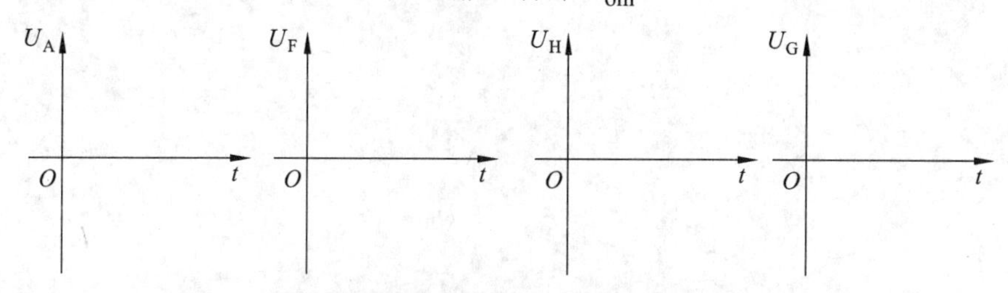

图 2-5-1　观察关键点波形图（注意幅度值的读数）

2）测量效率η

$U_{CC}=5\text{ V}$，$I_{DC}=$__________mA　　　　$P_{om}=\dfrac{U_{om}^2}{R_L}=$__________mW

$P_V=U_{CC}I_{DC}=$__________mW，　　　　$\eta=\dfrac{P_{om}}{P_V}=$__________。

3. 测量 LA4112 输入灵敏度测试、频率响应、噪声电压

1）测量输入灵敏度

当输出功率$P_o=P_{om}$时，输入电压的有效值U_i即为输入灵敏度。

2）测量频率响应

$U_i|_{P_o=P_{om}}=$________。

表 2-5-2　输出波开不失真，$U_i=$___mV 时，不同频率下的输出电压与电压放大倍数

f/kHz								
U_o/V								
A_V								
f/kHz								
U_o/V								
A_V								

结论：下限频率$f_L=$______________，$f_0=1\text{ kHz}$，上限频率$f_H=$______________。

注：对于功率放大器，上、下限频率是指电压放大倍数降低至最大值的 50% 是对应的频率。带宽：$BW=f_H-f_L=$________________________________。

3）测量噪声电压

噪声电压$U_N=$________________________________。

模电实验报告六　正弦波、方波与三角波产生电路研究

学号：________姓名：__________系部：________________专业：______成绩：_______________

预约实验时间：_____年_____月_____日　　第_____节至_____节　　指导教师：_______________

一、画出实验电路连接示意图

（1）画出 *RC* 桥式正弦波振荡器的实验电路图，并写出电路的振荡原理和各元器件的作用。

（2）画出三角波和方波发生器电路实验电路图，并写出电路的工作原理和各元器件的作用。

二、实验数据记录、处理及结论

1. 观察 *RC* 桥式正弦波振荡器三种状态下的波形

表 2-6-1　观察三种状态下的波形

	临界起振	正弦波输出	波形失真
u_o 的波形	u_O / O / t	u_O / O / t	u_O / O / t
R_W			

结论：负反馈电阻 R_W 大小对起振的影响____；

负反馈强弱对输出波形的影响____。

2. 测量最大不失真输出时的特性参数并与理论值进行对比

表 2-6-2

（测量条件：输出波形不失真，$R_1=10\ \text{k}\Omega$，$R_W=$　　$\text{k}\Omega$）

U_o/V	U_n/V	U_p/V	A_u		F		f	
			实测值	理论值	实测值	理论值	实测值	理论值

理论公式：$\dot{A}_u=\dfrac{\dot{U}_o}{\dot{U}_i}=1+\dfrac{R_F}{R_1}$，$\dot{F}_u=\dfrac{\dot{U}_f}{\dot{U}_o}=\dfrac{1}{3+j\left(\dfrac{R^2-X_C^2}{RX_C}\right)}$，$f_0=\dfrac{1}{2\pi RC}$。

测量计算公式：$A_u=\dfrac{U_o}{U_p}$，$F=\dfrac{U_o}{U_n}$，频率用示波器读出。

（1）结论：振荡的幅值条件____。

（2）比较理论计算值与测量值，分析误差产生的原因。

3. *RC* 串、并联网络幅频特性观察

表 2-6-3

（测试条件：保持输入信号幅度 $U_i=3$ V 不变）

f /kHz										
U_o /V										

（1）用坐标纸画出特性曲线，

（2）谐振频率测量值为______________________，理论值为______________________。

结论：

4. 三角波和方波发生器

表 2-6-4

（测试条件：R_W 调在中间位置，$R_2=100$ kΩ）

	波形	幅值	频率	测量 R_W
三角波 u_o	u_o O t			
方波 u_o'	u_o O t			

结论：（1）增大 R_W，观察到 u_o 幅值变________________，u_o 频率变________________；u_o' 幅值变__________，u_o' 频率变____________。

（2）当 $R_2=200$ kΩ 时，观察到 u_o 幅值变____________，u_o 频率变______________；u_o' 幅值变______________，u_o' 频率变____________。当 $R_2=51$ kΩ 时，观察到 u_o 幅值变__________，u_o 频率变 __________；u_o' 幅值变__________，u_o' 频率变____________。

模电实验报告七　电压比较器特性及应用研究

学号：________姓名：__________系部：______________专业：______成绩：______________

预约实验时间：____年____月____日　　第____节至_____节　　指导教师：______________

一、画出实验电路原理图

（1）画出单门限反向电压比较器和反相滞回比较器的电路原理图。

（2）画出窗口（双限）比较器电路的原理图并标明参数。

二、实验数据记录、处理及结论

1. 反向过零电压比较器

表 2-7-1

（测试条件：$f_i = 1$ kHz，$U_{REF} = 0$）

u_i/V	u_o/V	传输特性

结论：（1）接通 ± 5 V 电源，u_i 悬空时，用交流毫伏表测得 U_O = ____________mV。

（2）输出波形的特点：____。

（3）反向过零比较器的阈值电压 U_T = ______V。$+U_{omax}$ = ______V、$-U_{omax}$ = ______V。

表 2-7-2　测试条件

（测试条件：$f_i = 1\ \text{kHz}$）

	U_{REF} 变小	U_{REF} 变大	U_{REF} 传输特性
u_o 的变化			

结论：（1）输出波形的特点：____________________。

（2）反向比较器 $U_{REF} = 1\ \text{V}$ 时的阈值电压 $U_T =$ ____________________。

2. 反相滞回比较器

表 2-7-3

（测试条件：$f_i = 1\ \text{kHz}$，$U_{REF} = 0\ \text{V}$）

u_i 波形	u_o 波形	u_o 的幅值随 u_i 的变化情况	传输特性曲线

结论：（1）当 u_i 接 + 5 V 可调直流信号源，用万用表的直流档测量 u_o 由 $+U_{omax} =$ ______V 到 $-U_{omax} =$ ______V 时，u_i 的临界值，为______V。

当 u_o 由 $-U_{omax} =$ ________V 到 $+U_{omax} =$ ________V 时，u_i 的临界值，为________V。

（2）当 $U_{REF} = 0\ \text{V}$ 时，测得 $U_{T+} =$ __________V，$U_{T-} =$ __________V，$\Delta U_T =$ __________V。

理论计算 $U_{T+} =$ __________V，$U_{T-} =$ __________V，$\Delta U_T =$ __________V。

（3）ΔU_T 的实测值与理论值是否相符？分析产生误差的原因。

表 2-7-4

（测试条件：$f_i = 1\ \text{kHz}$，$U_{REF} = 2\ \text{V}$，u_i 不变）

u_o 波形的频率变化	u_o 波形幅值变化情况	u_o 波形相位变化情况	传输特性曲线

结论：当 $U_{REF} = 2\ \text{V}$ 时，$U_{T+} =$ __________V，$U_{T-} =$ __________V，$\Delta U_T =$ __________V。$+U_{omax} =$ __________V，$-U_{omax} =$ __________V。

3. 窗口（双限）比较器

根据实验内容及步骤，画出传输特性曲线，标出阈值电压 U_{T+}、U_{T-} 及输出 $+U_{omax}$ 和 $-U_{omax}$ 的电压值。

模电实验报告八　串联型稳压电源的设计与测试

学号：________姓名：__________系部：______________专业：______成绩：______________
预约实验时间：____年____月____日　　第____节至_____节　　指导教师：______________

一、画出串联型稳压电源设计电路原理图

另外用纸打印或手工绘制粘贴于此。

二、元件清单表

表 2-8-1　串联型稳压电源设计电路元件清单

序号	元件名称	型号与规格	数量	序号	元件名称	型号与规格	数量
1	电源变压器			5	运算放大器		
2	桥　堆			6	稳压管		
3	电　容			7	电　阻		
4	调整管			8	电位器		

三、实验数据记录、处理及结论

1. 整流滤波电路测试

表 2-8-2

（测试条件：$U_2 = 6$ V）

R_L/Ω	$C/\mu F$	U_L/V	$\tilde{U}_L/V$	输出电压波形
240	不　接			
240	470			
120	470			

结论：负载相同时，增加滤波电容后，纹波电压会______________；滤波电容不变，负载电阻变小时，纹波电压会______________。

2. 串联型稳压电源性能测试

表 2-8-3　稳压电源空载与负载时的输出电压可调范围测试

（测试条件：$U_2 = 14\ \text{V}$）

R_L/Ω	$C/\mu F$	U_I/V	U_{omin}/V	U_{Omax}/V	U_O 随 R_P 的变化
断开	470				
120	470				
240	470				

3. 测量稳压系数 *S*

表 2-8-4　稳压电源负载不变时的稳压系数

（测试条件：$R_L = 120\ \Omega$，$U_O = 12\ \text{V}$。）

U_2/V	$C/\mu F$	U'_O/V	$\Delta U_O/V$	S	计算公式
10	470				
14	470	12	0	—	
17	470				

4. 测量输出电阻 R_O

表 2-8-5　稳压电源不同负载时的输出电阻

（测试条件：$U_2 = 16\ \text{V}$，$U_O = 12\ \text{V}$。）

R_L/Ω	$C/\mu F$	U_O/V	I_O/mA	R_O/Ω	计算公式
断开	470				
240	470				
120	470				

5. 测量输出纹波电压

稳压电源输出电压的纹波电压 $\tilde{U}_L =$______________________。（测试条件：$U_2 = 14\ \text{V}$，$U_O = 12\ \text{V}$，$R_L = 120\ \Omega$）

模电实验报告九　集成稳压器电路特性及应用研究

学号：________姓名：__________系部：______________专业：______成绩：______________

预约实验时间：____年____月____日　第____节至_____节　指导教师：______________

一、画出实验电路连接示意图

（1）画出串联型集成稳压电源的实验原理图。（要标出常用仪器设备接线位置）

（2）画出正、负双电压实验电路。

（3）画出可调输出电压实验电路。（可附纸粘贴）

二、实验数据记录、处理及结论

1. 集成稳压器性能测试

1）集成稳压器 W7812 电路工作状态测量

表 2-9-1

（测试条件：负载电阻 $R_L = 120\Omega$，稳压管为 W7812。）

U_2/V	U_I/V	U_O/V

结论：桥式整流电路电容滤波后的输出电压理论计算公式为 $U_{I理} \approx \sqrt{2}U_2 =$__________，与测量值的偏差为 $\Delta U_I = U_{I理} - U_I =$__________。输出电压的偏差为__________。

2）集成稳压器性能测试

（1）输出特性曲线与输出电阻。

表 2-9-2　测输出特性曲线

（测试条件：交流输入电压 $U_2 = 14$ V，稳压管为 W7812。）

R_L/Ω	120	60	40	30	24	20	10	5
U_I/V								
U_O/V								
I_O/mA								

结论：（1）负载加重（电阻减小）时，输出的电流 ________，输出电压________，同时整流输出的电压________。用手接触 W7812 时会发现________________________。

（2）输出电阻：$R_O = \left.\frac{\Delta U_O}{\Delta I_O}\right|_{\substack{\Delta U_I=0 \\ \Delta T=0}} =$ ________________（用输出电流较小时进行计算）。

（3）以输出电压为纵轴，输出电流为横轴作出负载特性曲线，由曲线斜率可得 $R_O =$ ____________。

（2）测量稳压系数。

表 2-9-3 测稳压系数 *S*

（测试条件：稳压管为 W7812，输出电流 $I_O = 100\text{ mA}$）

U_2/V	14	16	18
U_I/V			
U_O/V			

结论：测量稳压系数 $\gamma = \left.\frac{\Delta U_O / U_O}{\Delta U_I / U_I}\right|_{\substack{\Delta I_O=0 \\ \Delta T=0}} =$ ________________________。

（3）过流保护电路的测试。

用导线瞬时短接时，测量输入电压 $U_I =$ ______________、输出电流 $I_O =$ __________，输出电压 $U_O =$ ______________，然后去掉导线检查电路________________________。

2. 正负双电源输出电压测量

$U_2 = 14\text{ V}$，$R_L = 100\ \Omega$。测得输入电压 $U_I =$ _____，输出电压 $U_{O1} =$ _____，$U_{O2} =$ ______。

3. 三端可调集成稳压器测试

电路参数为 $R_1 = 120\ \Omega$，$R_2 = 2\text{ k}\Omega$ 为可调多圈电位器。

表 2-9-4 测量输出电压、输出电流范围

（测试条件：稳压管为 W317，$U_2 = 14\text{ V}$。）

R_L/Ω	U_I/V		U_O/V		I_o/mA	
	最小值	最大值	最小值	最大值	最小值	最大值
120						
60						

结论：（1）输出电压的可调节范围为 = ____________________________。

（2）改变负载电阻，对输出电流范围的影响是_______，而对输出电压的影响_______。

数电实验报告一　基本组合逻辑电路功能研究

学号：______姓名：________系部：____________专业：_____成绩：____________
预约实验时间：____年____月____日　第____节至_____节　指导教师：____________

一、实验电路图（另附纸）

（1）画出与门（74LS08）、非门（74LS04）、与非门（74LS00）、异或门（74LS86）四种逻辑门电路的实验接线图（参考实验教材中的图 3-1-6（b））。

（2）画出用异或门（74LS86）和与门（74LS08）完成半加器的组合逻辑电路图。

（3）画出用与非门（74LS00）、异或门（74LS86）和或门（74LS32）组成的全加器的逻辑电路图。

二、实验数据记录、处理及结论

1. 门电路功能测试

表 3-1-1　门电路功能测试

输入		输出			
		与门	与非门	异或门	非门
$A(K_1)$	$B(K_2)$	$Q=AB$	$\overline{AB}$	$Q=A\oplus B$	$\overline{A}$
0	0				
0	1				
1	0				
1	1				

与门的逻辑功能是输入 A，B________ 输出 Q 为 0；输入 A，B _________输出 Q 为 1。
或门的逻辑功能是输入 A，B_________输出 Q 为 0；输入 A，B_________输出 Q 为 1。
异或门的逻辑功能是输入 A，B________输出 Q 为 0；输入 A，B________输出 Q 为 1。
非门的逻辑功能是输入 A 为__________输出 Q 为 0；输入 A_________输出 Q 为 1。

2. 表决器逻辑功能

结论：四路表决器的逻辑关系式为____________________________________。

3. 分析、测试半加器的逻辑功能

根据半加器的概念完成半加器真值表 3-1-2，并实验验证表 3-1-2。

表 3-1-2 半加器真值表

输入端 *A*		输入端 *B*		输出端 *S*		输出端 *C*	
逻辑开关	逻辑值	逻辑开关	逻辑值	逻辑灯	逻辑值	逻辑灯	逻辑值
	0		0				
	1		0				
	0		1				
	1		1				

结论：半加器的功能是__________________________________，
S 代表的是__________________，*C* 代表的是__________________，
输出端 *S* 的逻辑表达式为__________________________________，
输出端 *C* 的逻辑表达式为__________________________________。

3. 分析、测试全加器的逻辑功能

根据全加器的概念完成全加器真值表 3-1-3，并实验验证表 3-1-3。

表 3-1-3 全加器真值表

A_i	B_i	C_{i-1}	S_i	C_i
0	0	0		
0	0	1		
0	1	0		
0	1	1		
1	0	0		
1	0	1		
1	1	0		
1	1	1		

结论：全加器实现的功能是__________________________________；
S_i 代表的是____________；C_{i-1} 代表的是____________；C_i 代表的是____________；
$S_i =$ ____；
$C_i =$ ____。

数电实验报告二　编码器和译码器及其扩展功能

学号：______姓名：________系部：____________专业：_____成绩：____________
预约实验时间：____年____月____日　第____节至____节　指导教师：____________

一、实验电路图（另附纸）

（1）画出编码器 74LS148 的引脚图，分别说明其引脚功能。
（2）画出译码器 74LS138 的引脚图，分别说明其引脚功能。
（3）画出由七段数码显示器与显示、锁定译码器 CC4511 组成的显示电路的连接图。

二、实验数据记录、处理及结论

1. 编码器实验

表 3-2-1　74LS148 的逻辑真值表

输入									输出				
$\overline{EI}$	$\overline{I_0}$	$\overline{I_1}$	$\overline{I_2}$	$\overline{I_3}$	$\overline{I_4}$	$\overline{I_5}$	$\overline{I_6}$	$\overline{I_7}$	$\overline{A_2}$	$\overline{A_1}$	$\overline{A_0}$	$\overline{GS}$	$\overline{EO}$
1	×	×	×	×	×	×	×	×					
0	1	1	1	1	1	1	1	1					
0	×	×	×	×	×	×	×	0					
0	×	×	×	×	×	×	0	1					
0	×	×	×	×	×	0	1	1					
0	×	×	×	×	0	1	1	1					
0	×	×	×	0	1	1	1	1					
0	×	×	0	1	1	1	1	1					
0	×	0	1	1	1	1	1	1					
0	0	1	1	1	1	1	1	1					

结论：（1）74LS148 优先编码器是____________________（原码/反码）输出；
　　　（2）输入优先权从高到低是：______________________________。

2. 译码器实验

按实验教材中的图 3-2-6 所示电路接线，验证 74LS138 逻辑功能，完成表 3-2-2 中的内容。

表 3-2-2　74LS138 的逻辑真值表

输　入					输　出							
S_1	$\overline{S}_2+\overline{S}_3$	A_2	A_1	A_0	$\overline{Y}_0$	$\overline{Y}_1$	$\overline{Y}_2$	$\overline{Y}_3$	$\overline{Y}_4$	$\overline{Y}_5$	$\overline{Y}_6$	$\overline{Y}_7$
0	×	×	×	×								
×	1	×	×	×								
1	0	0	0	0								
1	0	0	0	1								
1	0	0	1	0								
1	0	0	1	1								
1	0	1	0	0								
1	0	1	0	1								
1	0	1	1	0								
1	0	1	1	1								

结论:（1）74LS138 译码器处于译码工作的条件是________________________________。

（2）当 74LS138 译码器的使能端为 $S_1=1$、$\overline{S}_2=\overline{S}_3=0$ 时，按 $A_2A_1A_0$ 所对应的二进制地址值（如二进制的 101 对应于 5）使其输出端（Y_5）为____________________。

3. 显示译码电路

记录当显示译码电路工作时，$DCBA=0010$ 时，显示为______；$DCBA=0100$ 时，显示为______；$DCBA=0111$ 时，显示为________；$DCBA=1101$ 时，显示为____________。

4. 用 74LS138 译码器实现某一逻辑功能

按实验教程中的图 3-2-7 连接线路，验证真值表 3-2-3。

表 3-2-3　真值表

A	B	C	L
0	0	0	
0	0	1	
0	1	0	
0	1	1	
1	0	0	
1	0	1	
1	1	0	
1	1	1	

数电实验报告三　数据选择器、分配器及其应用

学号：________姓名：__________系部：______________专业：______成绩：______________

预约实验时间：____年____月____日　　第____节至_____节　　指导教师：______________

一、画出实验电路原理图

（1）画出用 8 选 1 数据选择器 74LS151 来实现逻辑函数 $F = A\overline{B} + \overline{A}B$ 的功能实验接线图。

（2）画出用数据选择器实现并行码变串行码的实验接线图。

（3）画出多路分配器的实验接线图。

二、实验数据记录、处理及结论

1. 用 8 选 1 数据选择器 74LS151 来实现逻辑函数 $F = A\overline{B} + \overline{A}B$ 的功能

（1）通过实验验证了电路实现了______________________ 的功能。

（2）填写表 3-3-1 中 74LS151 各引脚的接线。

表 3-3-1　74LS151 各引脚的接线表

引脚编号	1	2	3	4	5	6	7	8
引脚名称	D_3	D_2	D_1	D_0	Q	$\overline{\text{Q}}$	$\overline{\text{S}}$	GND
功能说明	数据输入低四位				原码输出	反码输出	选通端	地
连　接								
引脚编号	9	10	11	12	13	14	15	16
引脚名称	A_2	A_1	A_0	D_7	D_6	D_5	D_4	VCC
功能说明	地址输入端			数据输入高四位				电源
连　接								

2. 用数据选择器实现并行码变串行码

表 3-3-2　当 $\boldsymbol{S}=\mathbf{0}$，$\boldsymbol{D_0}\sim\boldsymbol{D_7}$=10101010 与 $\boldsymbol{D_0}\sim\boldsymbol{D_7}$=11110000 时的输出情况

输　入			输　出			
			$D_0\sim D_7=10101010$		$D_0\sim D_7=11110000$	
C	B	A	Y	W	Y	W
0	0	0				
0	0	1				
0	1	0				
0	1	1				
1	0	0				
1	0	1				
1	1	0				
1	1	1				

3. 多路分配器

表 3-3-3　当 $\boldsymbol{S}=\mathbf{0}$，$\boldsymbol{D_0}\sim\boldsymbol{D_7}=\mathbf{10101010}$ 与 $\boldsymbol{D_0}\sim\boldsymbol{D_7}=\mathbf{11110000}$ 时的输出情况

地址输入			信号输入 $D_0\sim D_7=10101010$								信号输入 $D_0\sim D_7=11110000$							
C	B	A	$D_0'\sim D_7'$								$D_0'\sim D_7'$							
0	0	0																
0	0	1																
0	1	0																
0	1	1																
1	0	0																
1	0	1																
1	1	0																
1	1	1																

结论：信号输入 $D_0\sim D_7=10101010$，地址码变化一个周期时，对应地址的输出信号依次为________________，可见其规律为________________________________。

数电实验报告四　触发器及其应用

学号：________姓名：__________系部：________________专业：______成绩：________________
预约实验时间：____年____月____日　第____节至______节　指导教师：________________

一、实验电路原理图（另用纸附上）

1. 画出基本 D 触发器的实验接线图。画出由 D 转换成 T'的实验接线图及时序波形图。
2. 画出基本 JK 触发器的实验接线图。JK 转换成 T 和 T'的实验接线图

二、实验数据记录、处理及结论

1. 测试基本 SR 触发器的逻辑功能

根据实验接线图，测试基本 SR 触发器的逻辑功能，将结果记入表 3-4-1 中。

表 3-4-1　基本 SR 触发器

$\bar{S}$	$\bar{R}$	Q	$\bar{Q}$
0	0		
0	1		
1	0		
1	1		

结论：$\bar{S}$ 为置________端，$\bar{R}$ 为置_______端；当 $\bar{S}=\bar{R}=1$，______________；$\bar{S}=\bar{R}=0$ 时，__________________，应避免此种情况发生。

2. 根据实验接线图，测试双 D 触发器 74LS74 的逻辑功能及扩展功能

（1）测试 $\bar{R}_D$、$\bar{S}_D$ 的复位、置位功能，完成表 3-4-2 中的内容。

表 3-4-2　双 D 触发器 74LS74 的 $\bar{R}_D$、$\bar{S}_D$ 的复位、置位功能

$\bar{R}_D$	$\bar{S}_D$	D	CP	Q	$\bar{Q}$
0	0	×	×		
0	1	×	×		
1	0	×	×		

（2）测试 D 触发器的逻辑功能，完成表 3-4-3 中的内容。

表 3-4-3　双 D 触发器 74LS74 的逻辑功能

D	CP	Q^{n+1}	
		$Q^n=0$	$Q^n=1$
0	0→1		
	1→0		
1	0→1		
	1→0		

结论：测试 D 触发器的逻辑功能时，$\overline{R}_D$ 和 $\overline{S}_D$ 必须处于＿＿＿＿＿＿＿＿＿＿＿＿＿＿；74LS74 是＿＿＿＿＿＿沿触发，状态方程 $Q^{n+1}=$ ＿＿＿＿＿＿＿＿＿＿＿＿＿＿＿。

3. 测试双 JK 触发器 74LS112 的逻辑功能

（1）测试 $\overline{R}_D$ 、$\overline{S}_D$ 复位、置位功能，完成表 3-4-4 中的内容。

表 3-4-4　JK 触发器 74LS112 的 $\overline{R}_D$ 、$\overline{S}_D$ 的复位、置位功能

$\overline{R}_D$	$\overline{S}_D$	J	K	CP	Q	$\overline{Q}$
0	0	×	×	×		
0	1	×	×	×		
1	0	×	×	×		

（2）测试 JK 触发器的逻辑功能，完成表 3-4-5 中的内容。

表 3-4-5　JK 触发器 74LS112 的逻辑功能

J	K	CP	Q^{n+1}	
			$Q^n=0$	$Q^n=1$
0	0	0→1		
		1→0		
0	1	0→1		
		1→0		
1	0	0→1		
		1→0		
1	1	0→1		
		1→0		

结论：测试 JK 触发器的逻辑功能时，$\overline{R}_D$ 和 $\overline{S}_D$ 必须处于＿＿＿＿＿＿＿＿＿＿；74LS112 是＿＿＿＿＿＿沿触发，状态方程 $Q^{n+1}=$＿＿＿＿＿＿＿＿＿＿＿＿＿＿＿

4. 触发器之间的相互转换

（1）画出用 74LS112 构成的 T 触发器的时序波形图。

（2）画出用 74LS74 构成的 T′触发器的时序波形图。

数电实验报告五　计数器及其应用实验报告

学号：_______姓名：_________系部：_______________专业：______成绩：______________
预约实验时间：____年____月____日　第____节至_____节　指导教师：______________

一、实验电路图（另用纸附上）

（1）画出用2片集成块74LS112实现3位异步二进制加法计数器的逻辑接线图。
（2）画出74LS161用反馈清零法完成8进制计数的电路图。
（3）画出74LS161用反馈置数法完成6进制计数的电路图。
（4）设计用2片集成块74LS161构成的BCD码60进制计数器的电路图。※

二、实验数据记录、处理及结论

1. 设计三位异步二进制加法计数器

用集成块74LS112设计三位异步二进制加法计数器，画出在8个CP脉冲作用下的时序波形图和状态图。

时序波形图：　　　　　　　　　　　　状态图：

2. 集成计数器74LS161的功能验证和应用

写出74LS161清零、置数、计数、保持的工作条件以及CO什么情况下输出高电平。

3. 集成计数器 74LS161 的应用

用集成计数器 74LS161 和 74LS00 构成的 8 进制和 6 进制计数电路的功能。

（1）画出反馈清零 8 进制的状态图。

（2）画出反馈置数 6 进制的状态图。

4. 集成计数器 74LS161 的功能扩展

※验证用 2 片集成块 74LS161 构成 60 进制计数器电路，验证其功能是否正确。通过实验现象分析它们的工作原理。（接线并验证正确的加 20 分操作成绩）

数电实验报告六　555 定时器及其应用

学号：________姓名：__________系部：______________专业：______成绩：______________

预约实验时间：____年____月____日　第____节至_____节　指导教师：_____________

一、画出实验电路图（另附纸）

（1）画出单稳态触发器的实验接线图。

（2）画出多谐振荡器的实验接线图。

（3）画出施密特触发器的实验接线图。

二、实验数据记录、处理及结论

1. 单稳态触发器

（1）接通电源，输入单次脉冲一次，观察 LED 灯亮的时间。改变 R_W，观察延时时间的变化，记录最大的延时时间，画出波形图，标出最大延时时间（参考实验教材中图 3-6-2（b））。

（2）将 R_W 改为 10 kΩ，C 改为 0.1 μF，输入端加 1 kHz 的连续脉冲，用双踪示波器观测 u_i、u_C 和 u_o 的波形并记录之，读出一个周期的稳态和暂稳态时间区间。

2. 多谐振荡器

（1）按实验教材中图 3-6-3（a）接线，充放电电容器 $C=100\ \mu F$，检查后，接通电源，555 定时器电路工作，这时可看到 LED 发光管一闪一闪的。调节 R_W 的值，观察 LED 发光管变化的快慢。

（2）将充放电电容器 C 的容量改为 0.1 μF，再调节 R_W，用双踪示波器观测 u_C 与 u_o 的波形变化，记录波形及参数（如周期、频率、峰峰值）。

3. 施密特触发器

（1）输入 u_s 改接频率为 1 kHz 音频信号源，u_i 和 u_o 端分别接双踪示波器进行测量。

（2）接通电源，逐渐加大 u_s 的幅度，观察 u_i 和 u_o 的波形，记录波形，测绘电压传输特性，算出回差电压 ΔU。

数电实验报告七　D/A 与 A/D 转换电路

学号：_______姓名：_________系部：______________专业：______成绩：______________

预约实验时间：____年____月____日　第____节至_____节　指导教师：______________

一、画出完整的实验电路接线图

（1）D/A 转换器实验（DAC0832 芯片）接线图（标出各引脚接线图）。

（2）A/D 转换器（ADC0809 芯片）实验接线图（标出各引脚接线图）。

二、实验数据记录、处理及结论

1. 测试 D/A 转换器 DAC0832 的功能

表 3-7-1　D/A 转换

（V_{CC}、V_{REF} 接 + 5 V 电源，运放接 ± 12 V）

输入数字量								输出模拟量 U_o/V	
D_7	D_6	D_5	D_4	D_3	D_2	D_1	D_0	理论计算值/V	实际测量值/V
0	0	0	0	0	0	0	0		
0	0	0	0	0	0	0	1		
0	0	0	0	0	0	1	0		
0	0	0	0	0	1	0	0		
0	0	0	0	1	0	0	0		
0	0	0	1	0	0	0	0		
0	0	1	0	0	0	0	0		
0	1	0	0	0	0	0	0		
1	0	0	0	0	0	0	0		
1	1	1	1	1	1	1	1		

结论：DAC0832 的分辨率为_________，实验中测量结果的最大误差为____________。该芯片的转换速率为____________。为了获得转换电压，必须在 DAC0832 的电流输出端（I_{OUT1}）之后加上一个运算放大器，中间所接的两个二极管的作用是______________。如果采用 AD7533（10 位 CMOS 电流开关型），则分辨率为__________________。

2. 测试 A/D 转换器功能

表 3-7-2　A/D（模/数）转换器功能

（CP 时钟 f = 30 kHz，输入电压由 5 V 电源经电阻分压得到。）

通道	输入	地址			输出数字量								输出
IN	u_i/V	A_2	A_1	A_0	D_7	D_6	D_5	D_4	D_3	D_2	D_1	D_0	U_o/V
IN_0	4.5	0	0	0									
IN_1	4	0	0	1									
IN_2	3.5	0	1	0									
IN_3	3	0	1	1									
IN_4	2.5	1	0	0									
IN_5	2	1	0	1									
IN_6	1.5	1	1	0									
IN_7	1	1	1	1									

结论：（1）ADC0809 的分辨是____________。由于它有_________个模拟信号输入端，通过改变________，可分时测量不同通道电压信号的大小。

（2）本电路能否直接测量交流电压信号？____________。

高频实验报告一　谐振回路放大电器研究

学号：_______姓名：_________系部：______________专业：______成绩：______________
预约实验时间：____年____月____日　第____节至_____节　指导教师：______________

一、静态工作点的计算

1K01 置“off”位，断开集电极电阻 1R05，调整 1W01，使 1Q01 的基极到地的直流电压为 2.5 V 左右，这样放大器处于放大状态，测量此时的 R_B 和 R_C。根据实验电路得知 $U_{CC}=12$ V，测量单调谐放大器回路中晶体管各点（对地）电压，β 取 50，计算静态工作点。

$$R_B=\_\_\_\_,\ R_C=\_\_\_\_,\ I_B=\frac{U_{CC}-U_{BE}}{R_B}=\_\_\_\_\_\_,\ I_C=\beta I_B=\_\_\_\_\_,\ U_{CE}=U_{CC}-I_C R_C=\_\_\_\_\_\_$$

二、实验数据记录、处理及结论

1. 单调谐回路

（1）回路谐振于 8.2 MHz。计算出电压增益 $A_{vo}=$______________。

（2）单调谐回路幅频特性的测量，把实验数据填入表 4-1-1。（注：U_B 为基极到地的直流电压）

（3）观察静态工作点对单调谐放大器幅频特性的影响，将实验数据填入表 4-1-1。

表 4-1-1　单调谐回路在 $U_B=1.5$ V、$U_B=2.5$ V、$U_B=5$ V 时频率与电压的关系

f/MHz	7.6	7.8	8.0	8.2	8.4	8.6	8.8	9.0	9.2
U/mV（$U_B=1.5$ V）									
U/mV（$U_B=2.5$ V）									
U/mV（$U_B=5$ V）									

以频率为横轴、电压幅值为纵轴，按照表 4-1-1 中的数据，将不同静态工作点电压时的三条幅频曲线画在同一坐标纸上，并粘贴在实验报告上。分析静态工作点对单调谐放大器的幅频特性曲线的影响，并得出结论。

结论：____。

（4）观察集电极负载对单调谐放大器幅频特性的影响，将实验数据填入表 4-1-2。

表 4-1-2　单调谐回路在集电极接电阻 1R05 与不接 1R05 时频率与电压关系

f/MHz	7.6	7.8	8.0	8.2	8.4	8.6	8.8	9.0	9.2
U/mV（接通 1R05）									
U/mV（不接通 1R05）									

以横轴为频率、纵轴为电压幅值，按照表 4-1-2，将不同集电极负载时的二条幅频曲线画在同一坐标纸上，并粘贴在实验报告上。分析集电极负载对单调谐放大器的幅频特性曲线的影响，并得出结论。

结论：____。

2. 双调谐回路

（1）双调谐回路谐振放大器幅频特性测量。

表 4-1-3　双调谐回路在耦合电容为 2 pF 与 10 pF 时频率与电压的关系

f/MHz	7.6	7.8	8.0	8.2	8.4	8.6	8.8	9.0	9.2
U/mV（接通 2C05）									
U/mV（接通 2C06）									

以频率为横轴、电压幅值为纵轴，按照表 4-1-3 中数据，将不同耦合电容时的两条幅频曲线画在同一坐标纸上，并粘贴在实验报告上。分析耦合电容大小对双调谐放大器的幅频特性曲线的影响，并得出结论。

结论：____。

（2）放大器动态范围测量，并注意观察输出波形的变化。

表 4-1-4　放大器动态范围测量参数

U_i/mV	400	500	600	700	800	900	1 000	1 100	1 200	1 300	1 400
U_o/V											
A_{VO}											

结论：____。

三、思考题

（1）根据实验数据，比较单调谐和双调谐回路的异同，并总结各自的优缺点。

（2）比较双调谐电路中接入耦合电容为 2C05 和 2C06 两种情况下的幅频特性，并由此说明其优缺点。

（3）当放大器输入幅度增大到一定程度时，输出波形会发生什么变化？解释发生变化原因。

高频实验报告二　频率调制与合成实验研究

学号：________姓名：__________系部：_______________专业：______成绩：________________

预约实验时间：____年____月____日　第____节至_____节　指导教师：________________

一、写出实验电路原理

写出 4046 锁相环组成的频率调制器与频率合成器实验电路原理。

二、实验数据记录、处理及结论

1. 观察调频波波形（2K01、2K02 置“频率调制”）

表 4-2-1　不同调制信号下的调频波形

调制信号波形	调频波形
正弦波	
方　波	

2. 同步带和捕捉带的测量（2K01、2K02 置“频率调制”）

捕捉带 $\Delta f = f_{22} - f_{11} =$ ________________________

同步带 $\Delta f = f_2 - f_1 =$ ________________________

根据计算结果画出如实验教材中图 4-2-5 所示的示意图（将图中 f_1、f_2、f_{11} 和 f_{22} 用实验测量的数值代替）。

3. 频率合成器测量（2K01、2K02 置“频率合成”）

表 4-2-2　不同分频比情况下 2P03 的输出波形和频率

分频比 N	2P03 的输出波形	2P03 的输出频率
2		
3		
5		
7		
10		
20		

测量并观察最大分频比（选做）

$f_R = 2$ kHz 时，最大分频比 $N_1 =$__________；

$f_R = 4$ kHz 时，最大分频比 $N_2 =$__________。

三、思考题

（1）正弦调频波和方波调频波有何异同？

（2）当外加基准信号频率为 2 kHz 时，频率合成器输出的最高频率是多少？

高频实验报告三　幅度调制解调实验研究

学号：________姓名：__________系部：______________专业：______成绩：______________

预约实验时间：____年____月____日　第____节至_____节　指导教师：______________

一、回答基本问题

（1）幅度调制是：____。

（2）调制系数的定义为：____；

调制系数的计算公式为：____。

（3）为什么 MC1496 既可作调制芯片用，又可作解调芯片用？

二、实验数据记录、处理及结论

1. DSB 信号波形观察

表 4-3-1　不同情况下 DSB 信号波形观察

DSB 信号对称性观察波形	DSB 信号反相点观察波形	DSB 信号波形与载波波形的相位比较结论

2. AM（常规调幅）波形测量

表 4-3-2　不同类型的 AM 调幅波形记录

正常的 AM 波形	不对称调制度的 AM 波形	过调制时的 AM 波形

3. AM 波的二极管包络检波

表 4-3-3　AM 波的解调

包络检波器解调	波　形	m_a
正　常		30%
对角切割失真		
底部切割失真消失		

4．集成电路（乘法器）构成的同步检波

表 4-3-4　AM 波的解调

m_a	= 30%	= 100%	> 100%
解调波形			

结论：由本实验归纳出两种检波器的解调特性，以“能否正确解调”填入表 4-3-4 中。

表 4-3-5　两种检波器的解调特性对比

输入的调幅波	AM 波			DSB
	$m_a=30\%$	$m_a=100\%$	$m_a>100\%$	
包络检波				不能
同步检波				能

三、思考题

解调电路输出端的低通滤波器对 AM 波解调有什么影响？

高频实验报告四　高频信号的功率放大发射与接收

学号：________姓名：__________系部：______________专业：______成绩：______________

预约实验时间：____年____月____日　第____节至_____节　指导教师：______________

一、实测参数，分析丙类功率放大器的特点

二、实验数据记录、处理及结论

1. 激励电压、电源电压及负载变化对丙类功放工作状态的影响

（1）观察激励电压 U_b 对放大器工作状态的影响，示波器 CH_1：TP03，CH_2：TP04。

表 4-4-1　激励电压 U_b 对放大器工作状态的影响

状　态	欠压状态	临界状态	过压状态
电压 U_b 的值			
波　形			

（2）观察集电极电源电压 E_C 对放大器工作状态的影响。

表 4-4-2　集电极电压 E_C 对放大器工作状态的影响

状　态	欠压状态	临界状态	过压状态
电压 E_C 的值			
波　形			

（3）观察负载电阻 R_L 变化对放大器工作状态的影响。

表 4-4-3　负载电阻 R_L 变化对放大器工作状态的影响

状　态	欠压状态	临界状态	过压状态
电压 R_L 的值			
波　形			

2. 功放调谐特性测试

表 4-4-4　频率与电压的关系

f/MHz	7.2	7.5	7.8	8.0	8.2	8.4	8.7	9.0	9.2
$E_C(V_{P-P})$/mV									

根据表 4-4-4 得出频率与电压曲线，画在坐标纸上并粘贴在实验报告上。用扫频仪测量调谐特性曲线并画在坐标纸上，粘贴在实验报告上。

3. 功放调幅波的观察

表 4-4-5　功放调幅波的观察

状　态	正弦波调幅	三角波调幅	方波调幅
TP03 波形			

三、思考题

（1）简要分析丙类功率放大器的调谐特性。

（2）怎么判定调谐功率放大器工作时是否进入饱和区？

（3）当 K04 拨至右侧时，所选的谐振回路谐振频率为多少？

电路实训报告　电路安装工艺训练

学号：______姓名：________系部：____________专业：_____成绩：____________

预约实验时间：____年____月____日　第____节至____节　指导教师：____________

一、材料与工具表（请根据实验室提供的材料与工具填写）（总分10分）

序号	名称	型号与规格	数量	序号	名称	型号与规格	数量
1				7			
2				8			
3				9			
4				10			
5				11			
6				12			

二、导线连接量化评价表，总分30分

序号	实训内容	评价标准	自评分
1	同线径直接（5分）	1. 剖削方法正确，端口整齐，芯线无破坏，长度适当。 2. 缠绕方法正确，连接紧密无松动部位，无多余线头。 3. 绝缘恢复方法正确，缠绕紧密，没有导体外露。 4. 整体工艺美观。	
2	同线径T形连接（10分）		
3	不同线径直接（5分）		
4	不同线径T形连接（10分）		

三、画出三相五线制配电柜电路原理图及安装示意图（总分10分）

（可粘贴打印好的图）

四、配电柜安装量化评价表（总分 40 分）

序号	考核内容	评价标准	自评分
1	跨接线的制作（10 分）	1. 剖削方法正确，芯线无破坏，长度适当。 2. 转角呈 90°，绝缘层没有破坏，没有芯线过多外露。 3. 整体工艺美观。	
2	漏电保护开关的安装（10 分）	1. 进出线连接正确，进行漏电测试工作正常。 2. 各相线的颜色选择正确，接地与接零位置正确	
3	开关与插座的安装（15 分）	1. 进出线连接正确，各接线端口安装正确牢固。 2. 各插座火线、零线与接地线的位置安装正确。 3. 没有外露线头，无交叉接线。	
4	导线的绑扎（5 分）	1. 导线的工艺美观， 2. 导线间距与位置合理。没有多余部分。	

五、日光灯与声控灯的安装（总分 10 分）

（1）画出日光灯安装原理图。

（2）画出声控灯安装原理图。

六、综合评分统计表

评　分	一	二	三	四	五	总分
学生自评分						
教师评分						

模电实训报告　音频放大器的设计与实现

学号：________姓名：__________系部：________________专业：_______成绩：________________
预约实验时间：_____年_____月_____日　第_____节至______节　指导教师：________________

一、画出完整的音频放大器原理图（自行打印粘贴）（总分 10 分）

评价标准：（1）电路总图布局美观；（2）各引脚标注正确；（3）各模块相对独立、清楚；（4）使用专门软件进行设计。

二、列出元器件清单（总分 10 分）

序号	名称	型号与规格	数量	序号	名称	型号与规格	数量
1				11			
2				12			
3				13			
4				14			
5				15			
6				16			
7				17			
8				18			
9				19			
10				20			

三、电路的连接（总分 35 分）

序号	考核内容	评价标准	自评分
1	稳压电源的连接与检测（10 分）	1. 各模块布局合理，结构紧凑。 2. 按图连接，电路各元件参数正确，二极管、电容器极性正确。 3. 连线正确，查找故障方便。 4. 检测时方法正确，各模块电路正确，并符合技术要求。	
2	集成功率放大器的连接与检测（15 分）		
3	前置放大电路的连接与检测（10 分）		

四、排除故障（总分 20 分）

序号	考核内容	评价标准	自评分
1	故障的判断（10 分）	1. 能利用仪器设备观察故障现象。 2. 能正确分析故障原因，判断故障范围。 3. 检修结果正确。	
2	故障的检修（10 分）		

五、电路调试与性能指标测量（总分 25 分）

序号	考核内容	评价标准	自评分
1	仪器设备的连接与读数（10 分）	1. 仪器仪表的正确连接和读数。 2. 能够解决测试中出现的简单问题。 3. 正确测量主要技术指标。	
2	测量主要性能指标（15 分）		

测量结果：额定输出功率________________，输入灵敏度________________________
信噪比________________________。

六、综合评分统计表

项　目	一	二	三	四	五	总分
学生自评分						
教师评分						

数电实训报告　四路智力竞赛抢答装置设计与实现

学号：_______姓名：__________系部：______________专业：______成绩：______________
预约实验时间：____年____月____日　第____节至_____节　指导教师：______________

一、分别用作图工具画出完整的抢答电路图与 9 秒倒计时电路图（自行打印粘贴）

评价标准：（1）电路总图布局美观；（2）各引脚标注正确；（3）各模块相对独立、清楚；（4）使用专门软件进行设计。总分 10 分，得分为________________________。

二、列出元器件清单（总分 10 分）

序号	名称	型号与规格	数量	序号	名称	型号与规格	数量
1				7			
2				8			
3				9			
4				10			
5				11			
6				12			

三、基本抢答电路的设计与测试量化评价表（总分 30 分）

序号	考核内容	评价标准	自评分
1	1 kHz 时钟脉冲电路（10 分）	1. 电路连接正确，没有漏接连线； 2. 用示波器能观察到正确的波形。	
2	D 触发器电路（10 分）	1. 电路连接正确，没有漏接连线； 2. 每个选手对应的 LED 灯能点亮； 3. 可实现主持人复位。	
3	锁存电路（10 分）	1. 电路连接正确，没有漏接连线； 2. 能实现锁存功能。 3. 仍可实现主持人复位。	

四、编码、译码、显示电路的连接与测试量化评价表（总分 30 分）

序号	考核内容	评价标准	自评分
1	编码电路（10 分）	1. 电路连接正确，没有漏接连线； 2. 用 LED 灯能观察到正确的编码结果。	
2	取反电路（10 分）	1. 电路连接正确，没有漏接连线； 2. 用 LED 灯能观察到正确的编码结果。	
3	译码与显示电路（10 分）	1. 电路连接正确，没有漏接连线； 2. 能正确显示选手的编号。	

五、9 s 倒计时与报警电路的连接与测试（20 分）

序号	考核内容	评价标准	自评分
1	555 秒时钟电路（10 分）	1. 电路连接正确，没有漏接连线； 2. 用示波器能观察到 1 s 的方波时钟信号。	
2	十进制减计数电路（5 分）	1. 电路连接正确，没有漏接连线； 2. 用 LED 灯能观察到 BCD 码的输出； 3. 能通过清除脚实现清零功能。	
3	译码与显示电路（5 分）	1. 电路连接正确，没有漏接连线； 2. 能从 9 开始正确显示到 0 后停止计数； 3. 能实现声音报警。	

体会：请写出你在本次实训过程中的收获、感想以及对本实训内容、方法等方面的建议。

六、综合评分统计表

项　目	一	二	三	四	五	总分
学生自评分						
教师评分						

高频实训报告　调频收音对讲机的安装与调试

学号：_______姓名：_________系部：_____________专业：______成绩：_____________

预约实验时间：____年____月____日　第____节至_____节　指导教师：_____________

一、材料与工具表（请根据实验室提供的材料与工具填写）（总分 10 分）

序号	名称	型号与规格	数量	序号	名称	型号与规格	数量
1				7			
2				8			
3				9			
4				10			
5				11			
6				12			

二、电路板焊接量化评价表（总分 30 分）

序号	考核内容	评价标准	自评分
1	元件测试与布局（10 分）	1. 能对元件正确分类与检查测试； 2. 元件布局合理，大小位置适当。	
2	焊接正确（10 分）	1. 表面焊接元件无错焊、漏焊、虚焊； 2. 通孔元件无错焊、虚焊，位置整齐。	
3	组装合理（10 分）	1. 电路导线连接正确，组装件安装到位； 2. 整体工艺美观。	

三、用 Altium Designer 画出电路原理图（总分 10 分）

（可粘贴打印好的图）

四、整机安装调试量化评价表（总分 40 分）

序号	考核内容	评价标准	自评分
1	整机的安装（10 分）	1. 通电测试，显示屏正常显示。 2. 按键、喇叭等安装到位，外壳安装到位。 3. 整体工艺美观。	
2	信号接收调试（15 分）	1. 能够收到两个或两个以上电台，声音清楚。 2. 改变频率，能正确显示在液晶屏上。	
3	对讲调试（10 分）	1. 不同距离对讲调试。 2. 隔着障碍物对讲调试。	
4	整体联调（5 分）	信号稳定，声音清晰。	

五、正确地写出整个系统的工作原理（总分 10 分）

六、综合评分统计表

项　目	一	二	三	四	五	总分
学生自评分						
教师评分						

电路与电子技术实验报告

ISBN 978-7-5643-4343-9

9 787564 343439 >

套价: 45.00元